U0701775

"大自然小问题"
系列

夜晚出没的动物

[法]大卫·梅尔贝克/著
[法]玛丽安·莫里·考夫曼/绘
王小水/译

深圳出版社

版权登记号 图字：19-2023-323 号

Originally published in France as:

Les animaux qui sortent … la nuit

By David Melbeck, Illustrated by Marianne Maury Kaufmann

© Les Editions de la Salamandre

Current Chinese translation rights arranged through Hannele & Associates C/O Divas International, Paris

巴黎迪法国际版权代理(www.divas-books.com)

图书在版编目（CIP）数据

夜晚出没的动物 / （法）大卫·梅尔贝克著 ；（法）
玛丽安·莫里·考夫曼绘 ；王小水译. -- 深圳 ：深圳
出版社，2025.7

（"大自然小问题"系列）

ISBN 978-7-5507-3944-4

Ⅰ. ①夜… Ⅱ. ①大… ②玛… ③王… Ⅲ. ①动物—
儿童读物 Ⅳ. ①Q95-49

中国国家版本馆CIP数据核字(2023)第249720号

"大自然小问题"系列：夜晚出没的动物

DAZIRAN XIAOWENTI XILIE: YEWAN CHUMO DE DONGWU

责任编辑	林凌珠		责任技编	梁立新
责任校对	彭 佳		封面设计	朱玲颖

出版发行	深圳出版社			
地　　址	深圳市彩田南路海天综合大厦（518033）			
网　　址	www.htph.com.cn			
订购电话	0755-83460239（邮购、团购）			
设计制作	深圳市童研社文化科技有限公司			
印　　刷	深圳市新联美术印刷有限公司			
开　　本	787mm×1092mm　1/24		版　　次	2025 年 7 月 1 版
印　　张	4.5		印　　次	2025 年 7 月 1 次
字　　数	7.2 千		定　　价	39.80 元

版权所有，侵权必究。凡有印装质量问题，我社负责调换。

法律顾问：苑景会律师 502039234@qq.com

目 录

3　谁趁猫不在时偷吃猫粮?

5　蝙蝠像吸血鬼那样吸血吗?

6　昨晚，谁翻了花园的草地?

9　为什么猫头鹰"呜呜"地叫?

10　谁躲在那里吹笛子?

12　为什么刺猬会被压死在路上?

15　谁在深夜发出这样阴森的叫声?

16　今晚有无人机在樱桃树那里飞行吗?

19　"白夫人"是鬼魂吗?

20　为什么这种藤晚上发出那么浓烈的气味?

22　蜂鸟夜里会飞出来吗?

25　什么动物有很多脚，喜暗，而且跑得非常快?

26　世界上哪种猫头鹰体形最大?

29　什么东西在被灯光照亮的墙上爬?

30　癞蛤蟆晚上去哪里了?

33　为什么蝙蝠躲在百叶窗后面?

34　怎样才能看到蝾螈呢?

36　我们睡觉时谁在屋顶上跳来跳去?

39　什么动物深夜泡澡?

40　萤火虫为什么能在夜里发光?

42　谁把这树砍得像笔杆似的?

45　今天晚上水塘旁边有牛仔吗?

47　大黄蜂夜里也会飞出来吗?

48　什么虫子每晚吵吵闹闹的?

51　夜莺为什么在夜里开演唱会呢?

53　獾子白天在哪里休息?

55　谁在森林里玩沙锤?

56　为什么清晨会有那么多蜘蛛网?

59　谁在阳台的桌上留下了一小坨粪便?

60　夜间出没的"蝴蝶"为什么头上别着两把梳子?

I

63　谁在台阶上画了这些虚线?

64　为什么有句俗话说"睡得像只睡鼠"?

66　什么鸟躲在苹果树的凹洞里?

69　什么鼠看起来像盗贼?

71　有会飞的兔子吗?

72　为什么有的水龟子会停落在汽车的引擎盖上呢?

75　什么鸟儿夜里飞行时搞出那么大动静?

77　蝙蝠怎么能在黑暗中看清东西?

78　猫头鹰会扭伤自己的脖子?

80　为什么雄鹿会在秋夜里大声嚷嚷?

83　为什么有些动物的眼睛在被汽车大灯照射时会发光?

84　耳鸮是猫头鹰的丈夫吗?

87　我睡觉时什么虫子会咬我?

89　狼只会在月圆之夜嚎叫吗?

91　晚上撞见野猪该怎么办?

92　蝙蝠为什么倒挂着睡觉?

94　今晚有动物光顾过家里的花园吗?

97　为什么老鼠在我们睡觉的时候出来?

98　猫头鹰为什么能在黑暗中捕猎?

101　狼是坏蛋吗?

谁趁猫不在时
偷吃猫粮?

▶ **这个神秘的窃贼,不是其他动物,就是小刺猬。这个小机灵鬼知道在你家门口可以享用免费的食物。**

昨天晚上,放在外面的猫咪食盆里还装满了猫粮。猫在阳台上睡了一夜,到了第二天早上,食盆里却几乎空空如也了。可是其间猫咪并未离开家啊!这个小窃贼,毋庸置疑,正是外表憨态可掬的小刺猬。这种小型哺乳动物,其实是攀爬高手,可以轻松翻越木围墙、石墙或者铁丝网。

当你躺下睡觉时,小刺球就开始出来活动了。它有时候会跑到花园的亭台楼阁区,看这些地方有没有遗留的猫粮。这样一顿美味,它是不会拒绝的。但这只是打野食而已,并非常态。

刺猬不会放过嘴边的任何食物。一个晚上的时间,它可以吃进100多只鼻涕虫和各种各样的昆虫。它比杀虫剂还要厉害,可以帮你清除花园里的害虫。这么看来,让它偷吃一点儿猫粮,还是很划算的。

那么,昨晚什么动物溜进了花园呢?答案见第94页。

你知道吗?

刺猬用嘴巴拱地上的落叶时,会发出很大的声音。人们听见还以为有什么可怕的怪兽来了……其实不是。小家伙嗅觉极其灵敏,在地上到处嗅、到处拱,只是为了寻找食物。

蝙蝠像 吸血鬼 那样 吸血吗？

▶ **确实有些小蝙蝠会吸食动物的血液，但这和传说中可怕的半死不活的人完全是两码事。**

全世界发现的1200多种蝙蝠中，只有生活于南美洲的3种蝙蝠被称作吸血蝙蝠。而且，与民间传说中的吸血恶魔不同，这些蝙蝠不会带来死亡和灾难。它们不会杀死猎物，只会用牙齿切开动物的皮肤来舔食血液，因此才会被叫作吸血蝙蝠。但它们有时会传播狂犬病毒。

欧洲大陆上的这种小型哺乳动物，与电影中吸血鬼德古拉的形象更是相去甚远。它们在黑夜里捕杀蚊虫等各种各样的昆虫。虽然牙齿又尖又锋利，但主要是用来刺破昆虫的壳和表皮。

因此，夜空中那些在你头上盘旋的蝙蝠完全是无害的。它们并不想抓你的头皮，也不会吸你的血。你可以完全放心。它们只是在猎食空中飞舞的扑火飞虫，而且，很多情况下，你看到的都是家蝠，只有人类的大拇指大小。

你知道吗？

目前已知的蝙蝠种类中，约70%以昆虫为食，其余的大部分以植物为食，靠果实和花蜜为生，少数会猎食小型哺乳动物或猎食鱼类，最后剩余的几种才会吸血。

昨晚，谁翻了花园的草地？

▶ **不是园丁在夜里出动，也不是农民在星空下劳作……其实是野猪出没找寻食物。**

我在睡觉的时候，谁把我家美丽的草坪翻了一遍？这肯定不是拖拉机的杰作。罪魁祸首其实沿途留下了很多足迹，随处可见的蹄子印，几乎呈圆形，后面还有两个小小的脚趾印。毫无疑问，罪犯是一头野猪。

它会用嘴和鼻子来翻动地面，找寻自己心仪的食物，尤其是蚯蚓，然后配以不同的蘸料吃下去，例如田鼠的巢穴、蜣螂滚的粪球，当然主要还是各种各样的种子和果实。

野猪一路用嘴鼻拱地，在地上留下很多的沟痕，都不是很深。

但有的时候，它会使劲翻动地面，疯狂搜寻食物，留下的沟痕会有60厘米之深。

你知道吗？

野猪其实是一种胆子很小的动物，基本在夜间出来觅食，但有时也会在白天出来游荡。只有年老的雄性野猪才单独行动，一般野猪都是集体出动，带领兽群的是一头雌性野猪。

原来如此！

瑞士发现最重的野猪达196公斤。法国发现的野猪，最高纪录是306公斤重。但世界冠军是一头在罗马尼亚发现的野猪，重达364公斤，这个数字远远超出了这种动物的平均体重：100至120公斤。

为什么猫头鹰

"呜呜"地叫？

▷ **放心吧，它这么叫不是为了吓你。猫头鹰在夜间出没，它这么叫是为了宣告自己的领地，同时为了吸引雌性。**

它这单调的鸣叫声，翻译过来的意思是："呜呜，我在这里！"一方面可以警告其他雄性猫头鹰，让它们别来侵犯自己的领地；另一方面，它希望借此吸引雌性猫头鹰，如果对方正在寻找心仪的伴侣。

雕鸮，也叫大猫王，会在每年10月至第二年5月歌唱，就站在巢穴附近的树枝上。通常，它会在黄昏或者凌晨时分演唱。到了每年3月，它可以"呜……呜"连续唱上几个小时，直到深夜才停。这也不奇怪，因为这个季节正是这种夜间出没的鸟类的交配期。

中等体形的猫头鹰分布最为广泛，它们会发出一声声只有一个音节的鸣叫，

"呜……"，异常低沉。它们只在每年的2月至5月歌唱，相比它的大表哥雕鸮，这种体形中等的鸟类看起来不是那么吓人，但鸣叫的目的都是一样的：驱赶同性，吸引异性。它会每2秒叫一声，很有规律，但是歌声不会传很远。竖起你的耳朵仔细听，如果你能听见，那它与你的实际距离会比你以为的还要近。

那么，谁会在深夜里发出这样阴森的叫声呢？答案见第15页。

答案见第15页。

你知道吗？

雕鸮的叫声低沉浑厚，可以传播5公里之远。它每8至10秒就会"呜"一声。相比中等体形的猫头鹰，大猫王的体重是前者的10倍以上。

谁 **躲** 在那里 吹笛子?

▶ **是一只夜间出游的小蟾蜍，躲在石头缝里演奏。**

在温暖潮湿的春夏夜间，这种体长4至5厘米的奇怪小动物，会躲在碎石下或石缝间，发出短促的笛子般的鸣叫声。它可没有携带什么乐器，不过它的演奏仅限于一个音符。发出这个叫声的就是雄性产婆蟾。

雄性产婆蟾，愿望是成为一名……助产士。它吹笛子是为了吸引雌性与它交配，交配之后它会把雌蟾产出的卵随身携带。它是绅士，不需要"闪电约会"来寻找异性，歌唱声就能让雌蟾为之倾倒。

虽然小蟾蜍总是在离水塘不远的地方活动，但这种两栖生物的活动范围几乎完全在陆地上。作为称职的父亲，雄性产婆蟾会把卵子粘在自己的后肢上，直至它们孵化。

其间，雄蟾会悉心照料这些卵子，认真监控环境湿度，促进卵子孵化，保护它们。当孵化时间到来时，它们会本能地回到水塘，让蝌蚪们在水里出生。

正是由于助产士的悉心照料，雌性产婆蟾无须像其他普通蟾蜍那样，产出数千枚卵子，最后却只有几枚能存活下来。它们每次产出百来枚卵子就足够了。

你知道吗?

什么? 有只蟾蜍在树顶吹笛子? 绝对不可能，演奏者另有其人。歌声与雄性产婆蟾的相似。那是一只小猫头鹰，夜间栖息于树枝上，它通过歌唱来宣告自己的领地。

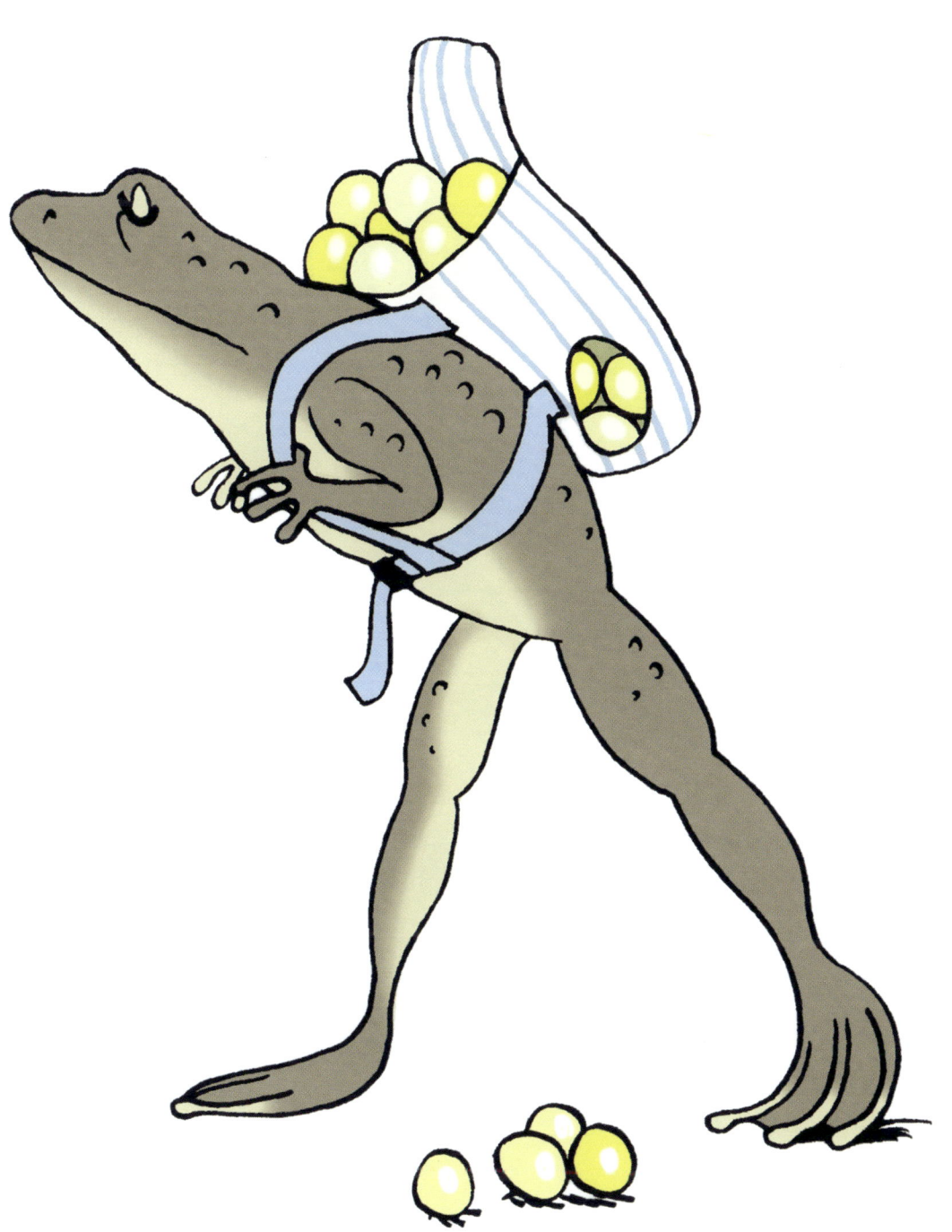

为什么**刺猬**会被

压死 在路上？

▶ **可怜的家伙，看到汽车冲来时，它会缩起来，以为身上的尖刺能保护自己。**

刺猬已经在我们的地球上生活了几百万年。它们曾和猛犸象、剑齿虎是同时代的动物，而且，它们应该也见过曾经的尼安德特人①。特有的防身体系让它们度过了漫长的岁月，一旦面临危险，这种哺乳动物会蜷成一个球，竖起全身5000至7000枚尖刺。猎食者看到之后，不免小心斟酌。

刺猬的背上有强大的肌肉，因此可以在紧急情况下蜷缩成球，但这套防身术显然没有考虑到汽车的出现！夜间活动时，遇到汽车经过，大灯照过来，它会原地停住，竖起全身的尖刺，希望保护自己。后果显而易见，对于一辆疾速飞驰的汽车，这种策略并没有什么用。

现在刺猬的数量急剧减少，其中的原因，既有汽车，也有大农业的发展，还有杀虫剂的使用，这些都会杀死这种可爱的小动物。也许它们会躲进我们的花园寻求庇护。

水龟子为什么会停落在汽车的发动机盖上呢？答案见第72页。

你知道吗？

为了保护自己，刺猬会蜷缩成一个球，紧实程度令人难以置信，这多亏它身上的皮肌。它可以保持这种状态长达数小时而不疲倦。

---

①尼安德特人：12万到3万年前居住在欧洲及西亚的古人类，属于早期智人的一种。——编注

谁在深夜发出这样阴森的叫声?

▶ **不是别的动物，是发情的母狐狸在叫。**

寒冬腊月，这样的叫声随冷风传来，异常凄凉，听到的人会瞬间血液凝固。惊悚类电影和小说中，这样的场景随处可见，尤其是深夜的犯罪现场。其实，这只是一只发情的母狐狸在呼唤伴侣。知道实情之后，是不是马上就不觉得那么害怕了呢?

每年1月，狐狸就进入发情期，完全失去了理智!雄性狐狸的脑子里只有一个念头:交配。它们翻山越岭，只为找到心中爱侣。雌性狐狸会到处留下自己的气味，这里撒泡尿，那里拉泡屎……抱歉，这听起来并不浪漫，但有效才是最主要的。

美丽的红毛狐狸在夜里发情，凄凉的叫声响彻夜空。路人听到确实会吓一跳，尤其是在城市里，现在有些城市已经成了狐狸的家园。它们的叫声有40多种，吠、尖叫、咯咯笑……可谓是花样繁多。

狼只在月圆之夜嚎叫吗?答案见第89页。

你知道吗?

尽管关于狐狸的故事有很多，但它们主要捕食啮齿类动物，例如大家鼠、小家鼠、水鼠、田鼠等。每年葬身狐狸腹中的老鼠成千上万，狐狸的灭鼠行动，对于限制这些小型哺乳动物的繁殖至关重要。

今晚有无人机在樱桃树那里飞行吗?

▶ **并没有什么无人机在侦查，只是有一只鳃角金龟在那里活动。**

炎热的5月，日落之后，我们有时会听到一些奇怪的轰鸣声。那是一些刚刚出土的鳃角金龟在学习飞行。它们翅膀振动的声音非常大，很难不让人听到。这些昆虫仿佛身上背了小马达一样。

雄性鳃角金龟会停落在树冠处，希望发现雌性鳃角金龟。成年鳃角金龟的寿命只有几个星期，它们得抓紧时间快速繁殖后代。

多亏了它们的触角，在雌性鳃角金龟准备产卵或者进食时，雄性能够捕捉到雌性散播的信息素。在它们的食谱上，有新鲜的樱桃树叶、李树叶、枫树叶以及橡树叶。当你看到它们在空中飞行时，这种鞘翅目昆虫实际已满4周岁了。

鳃角金龟前三年时间都是生活在地底下，这个时期的形态是肥肥的白色蠕虫，以树根为食。第三个夏季，它们开始转化成俏丽的鳃角金龟，但是依然待在土里，直到来年春天才会出土。从离开地面的晚上开始计算，它们只剩下约1个月的时间在我们的花园里"轰隆隆"飞行了。

什么鸟儿夜里飞行时搞出那么大动静？答案见第75页。

你知道吗?

与所有的金龟子一样，鳃角金龟也可以飞行。它们透明的膜翅藏在坚硬的鞘翅后面，鞘翅其实就是它们的背壳。

"白夫人"是鬼魂吗?

▶ 谷仓传来嘶哑刺耳的喘气声，是鬼魂吗? 并不是，那是一只有血有肉的仓鸮在附近盘旋。

法国东部一座小城里，曾经传说市政府大楼的屋顶上出现了一种超自然现象，于是每天晚上都有成百上千的人跑去那里一探究竟。那段时间，新闻报纸上也一直在说这件事，直到有一天晚上，一位鸟类学家参加了这个活动，之后告诉众人："没有什么鬼魂，就是有一窝仓鸮在那里!"

这种夜间出没的鸟类经常被叫作"钟楼鸮"或"白夫人"。不得不说，它们的叫声很刺耳，听起来让人有些不舒服。因为它们经常在一些老楼房或教堂顶上做窝，当它们带食物回来给雏鸟时，嘈杂声会让人大吃一惊。不熟悉情况的人，甚至会受到惊吓。

以前有一些胆大的人，会在夜间听到声音时举着灯烛去顶仓查看，最后只看到一个白色的影子从空中掠过。这种猛禽的羽毛颜色很淡，正因如此，才会产生很多关于鬼魂的传说。

你知道吗?

因为一身白色的羽毛，仓鸮在欧洲有很多外号，法国人叫它"白夫人"，西班牙人叫它"乳汁"，德国人叫它"白纱鸮"，爱尔兰人叫它"白女巫"。

原来如此!

猫头鹰整个白天都昏昏欲睡，但是一旦夜幕降临，它们就会飞离巢穴捕猎，主要捕食一些小型哺乳动物，例如老鼠、田鼠、水鼠、树鼩等。

为什么这种藤晚上发出那么浓烈的气味？

▶ **黑夜里，金银花散发香气，是为了招来夜间活动的蝴蝶。**

白天路过篱笆时，并没闻到什么特别的气味，可是这天晚上，却明显闻到一股浓烈的香味。因为与大多数植物不同，金银花对于传粉异常挑剔，它会严格挑选几种夜间出没的昆虫来完成此任务。

金银花在晚上散发的香味，人闻多了会晕头转向。这种香味可以传播数百米之远，天蛾闻到后会凑过来。这种珍稀蛾类属于鳞翅目昆虫，在夜间出没，有很长的吸嘴，可以够到金银花的花蜜。

天蛾在花丛间穿梭不停，忙忙碌碌，圆满完成了金银花的传粉任务。它的触须可以探测到金银花散播在空中的细小芳香分子。

随着这种特殊香气的指引，天蛾几乎进入自动飞行模式，即使周围漆黑一片，依然能够顺利降落在金银花花丛间。如果天蛾未能完成传粉任务，当然这种情况一般很少见，大黄蜂会在凌晨时分接力，通过它们长长的舌头继续为金银花传粉。

你知道吗？

只有依附于其他植物上，金银花才能在篱笆上攀高。它们会紧紧缠绕树干，一些小树的树干会因此变得奇形怪状。

蜂鸟夜里
会飞出来吗？

▶ **这些小动物身手敏捷，飞行时翅膀急速颤动，有人说它们是蜂鸟，其实是一些夜间出没的天蛾。**

夏日晚间，黄昏来临之际，它们就会出没于花丛间，不停采集花蜜。有人坚信看到的是蜂鸟。特有的嗡嗡声，翅膀快速振动时的残影肉眼难以分辨，圆圆的大眼睛，奇怪的尖嘴深深插入花朵深处……尽管它和蜂鸟很像，但其实不是，它是一种昆虫，正在采集花蜜。

天蛾，这种夜间出来活动的昆虫，有一根长长的喙，日落时分就开始在花丛中忙忙碌碌。它偏爱牵牛花、金银花、肥皂草花和兰花，但也会光顾我们的花园，采集月见草花、矮牵牛花、福禄考花、天竺葵花、缎花、紫茉莉花和醉鱼草花的花蜜。

它迅捷如闪电，一刻不停地在花丛中穿梭、漂移，然后将长长的嘴伸入花瓣中心，吮吸里面的蜜汁。

说到飞行急停技巧，甘薯天蛾是这些夜间活动蛾类中的王者，它的喙也最长，可达13厘米。这个长度几乎与骷髅天蛾展开的身长一般，后者可是欧洲体形大小排名第二的蛾类。

你知道吗？

蜂鸟鹰蛾也属蛾类，也在夜间活动，但白天也会飞出来。

它有时会停落在薰衣草或者阳台的天竺葵中间，因此可能会被蜂鸟吃掉……

什么**动物**有很多脚，喜暗，而且**跑得非常快**？

▷ **灰黑的家隅蛛，喜欢躲在人家里，确实也算一种，但是蚰蜒能闪电般把它拿下。**

打开房门，还没来得及发出一声尖叫，更别说去数数它有几只脚，蚰蜒已经溜出了被照亮的房间。这种昆虫怕光，爬行速度异常之快。它有30只长长的脚，可以每秒40厘米的速度爬行。这样的速度实属罕见，大多数人会因此留下深刻印象，进而觉得害怕。

虽然体长仅3厘米，但是它最后一对足形如天线，展开后长度是体长的2倍有余。这种多足动物是优秀的猎手，会经常光顾一些略微潮湿的房子，以及一些堆满碎石的地方。

当你处于梦乡时，这个长相奇怪的小动物正忙着捕捉蟑螂、鼠妇（潮虫）、苍蝇、蚊子和蜘蛛。

蚰蜒有两只脚长而尖，其实那是它的上下颚，上面会有一些毒刺。

和常见的家隅蛛一样，蚰蜒有时候也会被困在浴缸里面。如果你赤手去抓它，它出于自保可能会扎你。被扎后你会觉得很痛，和被黄蜂刺到一样。这种情况下，你也没必要去杀死它，还是让它继续待在家里，帮忙消灭那些害虫吧！

你知道吗？

壁虎遇到敌人时，会断除自己的尾巴迷惑敌人，然后逃之夭夭。蚰蜒也有这样的本事，遇到危险时，它的脚可以很快与身体脱离。

世界上哪种
猫头鹰体形最大？

▶ **所有的猫头鹰中，体形最大的是雕鸮，它的翅展接近人的身高。**

雕鸮体态优美，法国的雕鸮重约3公斤，但北欧地区的雕鸮会超过4公斤。夜晚降临时，这个处于食物链高端的猛禽翱翔于天际，翅展可达1.9米。体形比它小的鵟和鸢，都在雕鸮的食谱中。

大猫王对于食物不是特别挑剔，只要能在地上捕到的，它都会吃下去，例如老鼠、兔子、田鼠、刺猬、青蛙、乌鸦、鸽子……生物学家在分析它的粪便时，在里面还发现很多其他动物的残留：松鼠、猫、河狸鼠、小狐狸、隼、仓鸮和其他种类的猫头鹰。

雕鸮差点儿就灭绝了，经过欧洲多国的长期努力，它总算慢慢在原来的领地存活下来。今天，在陡峭的山崖或者丛林深处，又可以欣赏到大猫王异常傲人的身姿了。

你知道吗？

在欧洲活动的各种大型猫头鹰中，雪鸮的体形排名第二。要知道，哈利·波特就拥有一只雪鸮。

原来如此！

曾经有一种体形巨大的夜间猛禽，也属于猫头鹰类，身高超过1.1米，翅展约3米。一万多年前，它曾在古巴一带活动，今天已经消失。

什么东西在
被灯光照亮的
墙上爬？

▶ **很多昆虫会被光吸引而来。正因如此，蛤蚧会在那里伏击捕猎。**

在欧洲南部地区，一些长相怪异的壁虎会在夜晚出来捕食。它们的伏击点，包括被光照亮的墙，落地灯、霓虹灯附近，甚至还会跑进人们家中。这些小型爬行动物可以在光滑的平面上爬行，即使玻璃或者塑料表面也不在话下，横着走也行，竖着走也可以。和苍蝇一样，它们也可以在天花板上走来走去。

蛤蚧就是人们所说的大壁虎，它们是攀爬高手，脚掌可以吸附于墙面。它们的脚趾上包裹着一层奇妙的生物层，由成百上千的细微须毛组成，须毛呈分子结构，可以起到静电吸盘一样的作用。

来到灯光下的小蚊子、大蚊子、蝴蝶、蟑螂和其他种类的昆虫，遇到这样的捕食者，很难有机会逃脱。壁虎的眼睛与猫的眼睛一样，在夜间能够清楚视物，一旦看到飞过来的昆虫，就会毫不犹豫地猎杀。它的眼睛上面覆盖着透明的眼皮，只需伸出舌头灵巧而怪异地一扫，就可以像雨刮器一样把眼皮清洁干净。

你知道吗？

蛤蚧的皮肤颜色白天偏深色，但黑暗中，它的皮肤颜色会变得很淡，接近透明，我们甚至可以看到身体里面的内脏器官。

这样的变色能力，可以让它在白天尽量吸收热量，在夜里则可以减缓热量的损耗。

癞蛤蟆晚上去哪里了?

▶ **从每年3月起，癞蛤蟆（蟾蜍）一般就会转移到最近的水塘里。**

当春雨降落时，癞蛤蟆就会从冬眠中苏醒过来。此时正是它们的繁殖期，一到晚上，生物钟就会发送强烈的求偶信号。雄性一般比雌性体形更小，也更没有耐心，会首先离开藏身之所。它们脑子里面只有一个念头：繁殖。为此，它们得去有水的地方，可以是沼泽地、池塘或者是河流的静止水域。其实，大多数蟾蜍一生中主要在陆地上生活，它们回到水里只是为了产卵。

蝌蚪一旦变形为蟾蜍之后，就会离开水塘。成年蟾蜍一年中只有一个月时间会回到水里。

繁殖期间，为了重新回到产卵地，这种两栖动物会跳跃几公里远。雄性只要看到有东西在动，就会急不可耐地跳上去交配。有时会出现一些好笑的失误，一些蝾螈、青蛙甚至雄性蟾蜍就这么被冒犯了，甚至不管是死的还是活的。有人穿着靴子经过时，它们也会一下子骑到鞋尖上去……产卵结束之后，所有的蟾蜍又会回到森林或者花园，重新开始陆地生活。

那么，是什么动物深夜泡在水里呢？答案见第39页。

你知道吗？

疯狂的繁殖期之后，癞蛤蟆只会为了捕食才在夜里离开巢穴。它的捕食对象包括鼻涕虫、地面上的蠕虫和昆虫。

为什么蝙蝠

躲在 百叶窗 后面？

▶ **哪里是蝙蝠的最佳藏身之地？一个阴暗狭窄但又可以被太阳晒暖的地方。**

一年之中，蝙蝠的巢穴并不总在一个地方。随着季节变化，它们会转移藏身之地，让自己白天也可以躲在阴暗之中。

冬季里，很多蝙蝠蛰伏在不同的缝隙、石窟、地道或者地窖里。到了夏季，这种翼手类动物会聚集成群，繁衍后代。此时，它们会选择谷仓、阁楼、中空的树干或者地下室作为巢穴。当蝙蝠妈妈出去捕猎时，巢穴里就只剩下一大群嗷嗷待哺的小家伙了。

无论在冬季还是夏季，蝙蝠都会需要一些临时的藏身地，比如百叶窗。它们还会躲藏在天沟或者两根老旧的木梁之间。百叶窗对于它们来说是一个绝佳的躲藏点，因为宽宽的木板在太阳下能够很快升温，同时持续

保持温度。仅仅几厘米的空间，也可以很好地保护这种小型飞行类哺乳动物。体形迷你的伏翼、大很多的大棕蝠以及小小的尖耳鼠耳蝠，都喜欢躲在这个地方。

你知道吗？

节鼠耳蝠是唯一一会在白天出来活动的蝙蝠。它可以一整天都栖息于墙角或者屋顶某个角落，因此观察起来简单很多。

怎样**才能**看到

蝾螈呢？

▶ **这可不是一件容易的事。你得有足够的意愿，在初春时节的夜间出发，前往雨后森林的沼泽地。**

有着黄黑斑点的蝾螈，曾经是法国国王弗朗索瓦一世的徽章，但要见到它并不容易，因为它主要生活于深山之中或者潮湿的丛林里。

生性胆小的蝾螈很少外出，主要在夜间出来活动。想要它走出巢穴，得满足这几个条件：温度高于6℃，多雨的季节，夜幕刚刚降临，不是满月，空气湿度特别高。你看，就这几个条件！

想要在野外的巢穴观察到它，只能夜里到丛林之间搜寻。这种有色两栖动物的活动区域，一般在水塘周围方圆十几米的范围内，因为它需要在有水的地方繁殖。

冬季结束时，矮胖笨拙的雌性蝾螈就会离开巢穴。它通常会躲在木头堆里，也会藏身于截断的树干或者洞穴里。生产之前，它会到达水洼、泉眼或者水塘，然后从肚子里产出很多小卵。这些卵要在水里度过几周时间，等卵化成幼体之后就可以在陆地上生活了。

你知道吗？

蝾螈的游泳技能并不怎么样，这在两栖动物中实属罕见。它在水里游一会儿就累了，有时甚至会因此溺死……

原来如此！

蝾螈是一种有毒的动物，它身上黄色和橙色的斑点对那些食肉动物是一个警示。

我们睡觉时 谁在屋顶上 跳来跳去？

▶ **我们酣睡之时，黄鼠狼就会在屋顶上闹腾，从这个屋顶跳到那个屋顶。**

大家鼠和小家鼠都是攀爬高手，能够在屋顶的瓦片之间随意窜动。它们的同类，例如睡鼠或者欧洲山鼠，都有沿着天沟走钢丝的绝技。但说到鼠形的攀爬冠军，那就得是黄鼠狼了。此外，说到夜间出没的动物谁最鬼鬼祟祟，那也非它莫属。这个攀爬王者就像一个幽灵，为了搜寻食物，不会放过任何一个小角落，简直像是粘在屋顶上一样……

黄鼠狼喜欢生活在人员聚集的地方，它的巢穴常常在市中心的谷仓、货棚或者楼顶的阁楼。这个小东西虽然看起来很可爱，窝周围却有一种特别难闻的味道，这难免会给人们带来困扰。

梁上君子几乎不知疲倦，在谷仓里面蹦跶，跑跳，爬来爬去，嬉戏叫嚷。它们咯咯的叫声，有时听起来就像母鸡下蛋后的叫声！更别说有的晚上，大小黄鼠狼全家出动，那简直要闹翻天。

你知道吗？

这个喜欢跑跑跳跳的小型食肉动物偏爱肉食，但也喜欢人类的甜食。它会咬食花园里的水果，比如樱桃、李子、苹果和梨，或者葡萄架上的葡萄。

原来如此！

黄鼠狼侦察周围情况时会立起上半身，在空气中抽吸鼻子，整个身子就支撑在后足之上。这个姿势很可笑，看起来像是一个烛台。

什么动物
深夜泡澡？

▶ 那是一种特别的蛙类——树蛙。深夜降临之前，它会跳到树叶间或者芦苇上。到了深夜，它就会跳到水里，"呱呱"地叫个不停。

树蛙身披漂亮的花纹，它和全身通绿的牛蛙可没什么关系。相比后者，它的身形更加好看，也更加纤细优美。生物学家也没把牛蛙和树蛙归于同类，树蛙属于雨蛙科，是热带动物，与蟾蜍的血缘关系比青蛙更近。

一身绿色的外衣，可以让它整个白天都藏身于植物丛中打瞌睡。它脚趾底部有一些吸盘状组织，跳跃后借此可以轻易吸附在树叶上或者陡峭的岩壁上。

一到深夜，它就会从藏身处跳到附近的水塘里，"呱呱"地叫着，在里面泡澡。

雄性树蛙身长不足5厘米，但是叫声很响亮，节奏感很强，每秒有3至5声。方圆几公里内，我们都可以听到它的叫声。想想看，在不到1米的距离听到100分贝的声音是什么感觉？它这么做是为了吸引雌性，谁唱的声音越高，谁就越能招来爱慕者。

那么，今天晚上是有个牛仔在水塘附近吗？答案见第45页。

你知道吗？

大口瓶里，装着一只树蛙和梯子，用来作为晴雨表。这一画面，创意来自对树蛙的观察：年轻树蛙通常更需要晒日光，因此，天气晴朗的日子，它会跳到高处；阴天的时候，它就会待在更低的地方。

萤火虫为什么能在夜里发光？

▶ **这种身材迷你的鞘翅目昆虫能自我发生化学反应，从而在夜里发光。**

夏日里，小小的萤火虫会在暗处发出黄绿色的光。我们可不要把这个信号光和灯光搞混了。这道微光其实来自萤火虫姑娘，它不能飞行，发光是为了寻找自己的灵魂伴侣。

可怜的小家伙时日不多，仅有2至3周的存活时间，有时甚至更短。因此它要以时不我待的精神追寻自己的伴侣，在死去之前尽快交配产卵。

萤火虫体内有些特殊的细胞，当两个器官产生化学反应时，这些细胞就可以发出一种冷光。这种冷光的产生，是萤火虫体内的荧光素被一种荧光酶氧化的结果，这和灯泡的发光原理完全不同。

雄性萤火虫有大大的眼睛，视力很好，在黑夜里也可以找到自己的爱侣，但人类的灯光会影响它的判断力。

你知道吗？

萤火虫的幼虫从卵里孵出之后的两年时间里，它靠吃蜗牛长大，最后变成萤火虫的样子。成年萤火虫是不吃东西的，它们并没有进食的器官。无论雄性还是雌性，它们只有一点小小的能量储备，很快就会耗光。当能量清零的时候，那就必死无疑了。

原来如此！

所有的萤火虫都能在夜里发光。雌性萤火虫发出的光最亮，雄性萤火虫则会发出一种淡绿色的光。另外，萤火虫的卵和幼虫也会发光！

谁把这树砍得像**笔杆**似的?

▶ **黑暗中，河狸会避人耳目，默默在那里啃树干。**

河狸是欧洲最大的啮齿动物，有时它会从河里游上岸，偷偷地开始工作。它啃咬的树木不会离河流太远，从来不超过30米。

小心驶得万年船。河狸是一种非常胆小的动物，通常只会在夜里出没。它是一位优秀的建筑师，会根据自己的工程需要来砍伐材料。它用门牙使劲咬，把一些小树咬断，所经之处留下了一根根被截断的树干，形状特殊，人们称之为铅笔杆。它也会把一些细树枝斜斜咬断，这就是建筑上的斜接木。在一些被砍倒和剥皮的树干上，我们也能看到河狸啃咬的痕迹。

河狸冬季以树皮、嫩树苗和叶芽为食。树的其他部分都非常不好消化，所以被它用来筑窝或者加固巢穴。如果河的水位很低，它会用木头建造一个堤坝。如果河堤不适合挖洞，它会用树木做一个棚房。这个体重仅20至30公斤的伐木工，就以这样的劳作来维护我们的河岸。

来年春天，砍断的树干上会长出新树苗。出现暴雨天气或者河水急剧上涨时，岸边有些老树会被连根拔起，那里的河堤也会随之被湍流带走。这时候，这些幼小的新树干虽然会弯折，但树根依然能够抗风抵浪，从而避免河岸蚀退。

你知道吗?

河狸通常会咬断一些直径20至30厘米的树干，有时也会咬更粗一些的，甚至直径粗达1米的树干，它也可能去咬，但这种情况真的很少见。

今天晚上水塘旁边有牛仔吗?

▶ **其实是一只青蛙在那里呱呱叫,不过带点美国口音而已。**

春夏之际,这些两栖动物都会涌进水塘,熙熙攘攘,聒噪的声音远近可闻。日落时分,青蛙更是精力充沛。雄性会浮在水面或者依附于水草上,大声喧哗,企图掩盖周围其他同性的叫声,吸引雌性关注。

此时此刻,关系到吸引异性交配产卵的大事,没有雄性青蛙会拿自己的领地开玩笑。因此,在发出求偶叫声的同时,它们也会间歇性地发出一些更加短促的、保卫领地的叫声,像是美国西部牛仔喊出的"喂"。这种特殊的叫声,是在警示周围的其他雄性。随着空气温度和邻居数量的增减,它们会调整叫声的强度和频次。

可别把青蛙和小小的雨蛙搞混了。这里说到的青蛙,在你靠近它活动的水塘时,会"扑通"一声跳进水里,很容易观察到。

那么,癞蛤蟆夜晚到哪里去了呢?答案见第30页。

你知道吗?

另一种学名叫沼蛙的蛙,鸣叫声高低错落,确实很吵。有时候,人们感觉像是在听一场喜剧演出,里面所有的观众都在疯狂大笑。

原来如此!

还有一种体表呈褐色的蛙,我们称之为草蛙。它会在春夜发出一种沉闷的隆隆声,就像远处有一辆摩托车在嘶吼,得仔细听才能听到。

45

大黄蜂夜里也会飞出来吗？

▶ **可以把胡蜂比作母鸡，它夜里都在睡觉。大黄蜂可不同，它日夜都在劳作。**

可以说，它随时都在劳作，不眠不休。大黄蜂的眼睛也很大，可以在黑暗中正常飞行。每年5月，蜂后就会从冬眠中苏醒，在自己的蜂房内组织起一个规模颇大的蜂群。到了夏季，蜂后要忙于产卵，工蜂就接手继续蜂房的建造。它们忙忙碌碌，找寻食物来养活整个蜂群。除了食物，它们还要给蜂群供水，并带回咬碎的木屑，继续建造蜂房。

虽然它们白天的工作更加繁忙，但在夜里，我们依然可以观察到它们每小时要进出50至100次。

只需要0.2勒克斯的亮度，就足以让这些体表斑斓的大家伙夜间出没了。0.2勒克斯是什么概念呢？就相当于夜里月亮的亮度，也就是非常昏暗的光线。它们会时不时地被灯光吸引，因此头撞玻璃的情况并不罕见。如果有只大黄蜂不小心闯入了你的卧室，不要慌张，把窗户打开，熄灭灯，它很快就会飞走，就像它冒冒失失地进来一样。

你知道吗？

相比它的胡蜂兄弟，大黄蜂的性子没那么暴烈，但遇到它们，最好不要做出剧烈的动作。

原来如此！

每年10月，初次霜冻降临之时，整个大黄蜂群就会消失。剩下的蜂后会四散飞走，准备冬眠。

什么**虫子**每晚

吵吵闹闹 的?

▶ **那是一种常见的蝴蝶——西班牙绿豹蛱蝶，夏天会沿着丛林小路飞行。**

每年6月至9月，这种身上点缀着黑色条纹和斑点的大蝴蝶，夜间会飞到树冠上。直到第一缕晨光出现，它们才飞回地面，晒太阳取暖，之后整个白天都在花丛中采集花蜜。

雌性绿豹蛱蝶把卵产在树上，它们围绕着树干飞来飞去，画出一个螺旋形，每隔1米就产下一个卵。到了秋天，幼虫就从卵里孵化出来，它们甚至没来得及吃上点东西，马上就把自己封闭在虫茧内，等待下一年春天的到来。

当万物复苏的季节终于来临，幼虫会任由自己从树上掉落，开始寻找它们唯一心仪的植物——紫罗兰。

绿豹蛱蝶幼虫只在夜间出来活动，所有的工作都在深夜进行。它们白天会躲起来，到了晚上才出来啃食紫罗兰叶。

它的外表很奇特，身上有刺，头上有两个大大的尖角，像是天线，又像是角。

你知道吗?

绿豹蛱蝶并不只是生活在欧洲南部的伊比利亚半岛。欧洲各地，只要有篱笆、树木和森林的地方，都可以找到它的踪影。之所以称它为西班牙绿豹蛱蝶，是因为它斑斓的身体会令人想到西班牙的塞维利亚市的一种烟草。

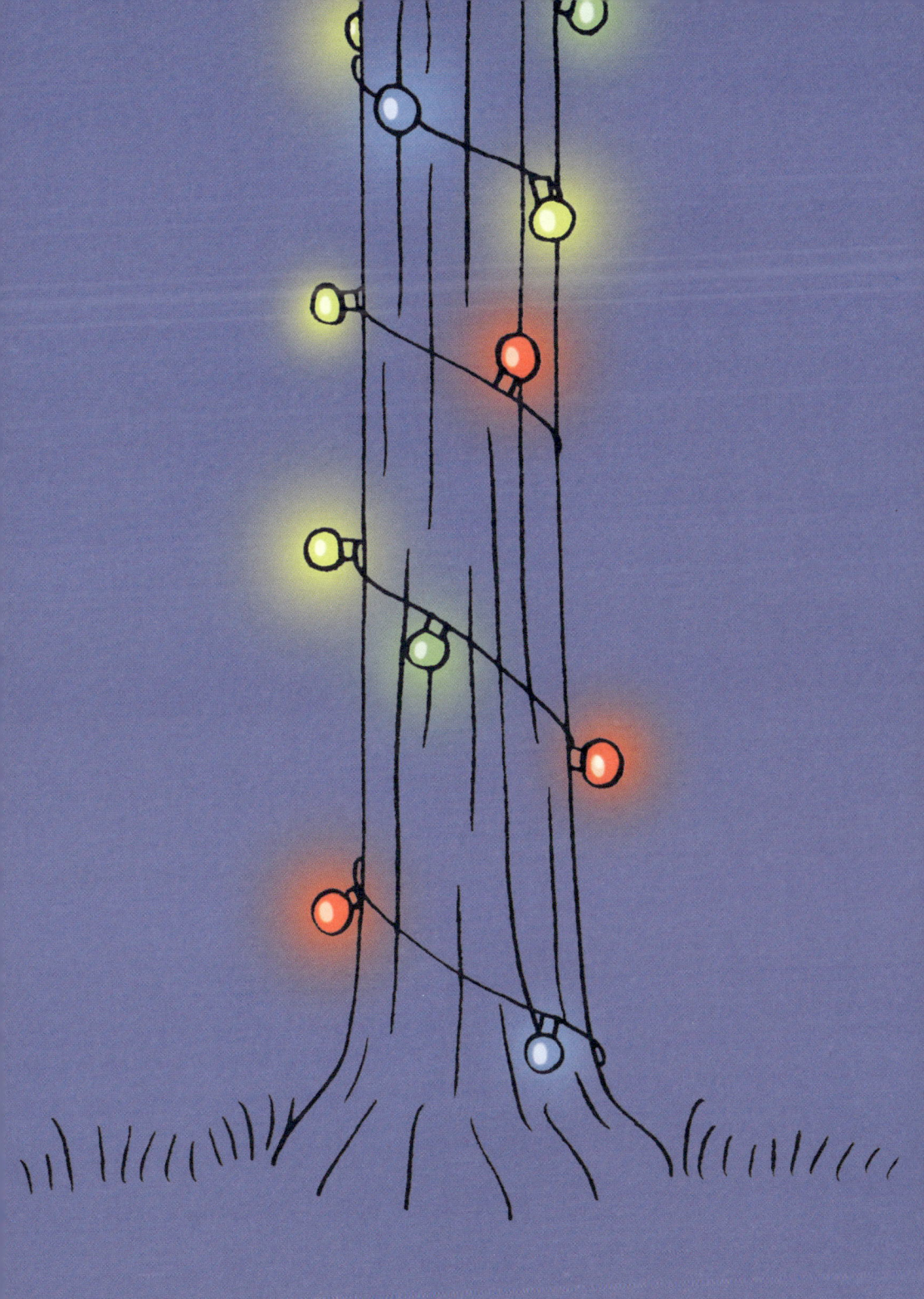

夜莺为什么在夜里开演唱会呢？

▶ 它是个乐痴，从早到晚都不停歇，一直在演唱。之所以这样，是因为它不愿错过任何吸引雌性的机会，同时也是为了宣告自己的领地。

听到夜莺从密林深处传来的歌声，没有人能抵挡得住。很多其他鸟儿也会从清晨开始就展示美妙的歌喉，直到白天结束。痴迷歌唱的夜莺，歌声清亮高亢，足以盖过其他鸟儿的声音。即使如此，它依然不满足，夜里继续演唱。

每年5月，为了确保雌性夜莺能听到它的声音，雄性夜莺几乎整日整夜歌唱。在鸣禽亚目鸟类当中，它是为数不多的几种会在深夜鸣叫的鸟儿之一。它的歌声在宁静的夜晚可传达1公里之远。这是它捍卫自己领地的特有方式，也是出于取悦异性的需要。而且，雌雄夜莺都有一身漂亮的棕红色羽毛。

雌性夜莺会特别注意歌声高亢的雄性夜莺。当雌性夜莺靠近时，雄性夜莺会变得兴奋异常，开始拍打翅膀，尾巴呈扇形张开。但一旦交配结束，它就会完全静默！可以理解，孵卵期保持低调是很有必要的，这样才不会引起捕食者的注意。

那么，谁在森林里面玩沙锤呢？答案见第55页。

你知道吗？

很多诗歌都赞美夜莺动人的歌声。确实，它的歌声并不寻常，但人们通常很少能看到它，因为它一般生活在茂密的矮树丛中，离地面很近。

獾子白天
在哪里休息？

▶ 忙活了一晚之后，这种小型哺乳动物理所当然会在洞穴里休息。

獾是打洞达人。这一点，我们从它有力的爪子就不难发现。它的爪子又宽又大，满是肌肉，并有不断生长的长趾甲。这是挖土、铲土和运土的绝佳工具。它的皮毛黑白相间，看起来和小熊很像。但獾的胆子很小，因此白天的时候，它都待在地下的洞穴里打瞌睡，以确保自身安全。它会打很多个洞，四通八达。

这么多洞构成了类似于人类居住的小镇，里面聚集着可爱的獾群。獾的洞穴半径一般介于20至30厘米之间。通过观察洞穴大小，还有洞口的土丘，可以知道这是不是獾的洞穴。每个洞口都可以看到一些小丘，那是它们从地道搬运出来的碎土堆成的。

常年进进出出，地道变得非常光滑，像滑槽一样，几乎可以直通底部。星罗棋布的洞穴周边，可以看到一些小径，獾子每晚都从这里偷偷摸摸地出来。

你知道吗？

獾的洞穴可以深达地下5米，从上到下会有多层地道和栖息所。英国有一个獾子窝，洞口的数量就有将近160个！

谁在**森林**里
玩沙锤？

▶ **蝈蝈和蟋蟀的叫声很特别，很像南美洲打击乐的声音。**

炎热的夏日晚上，草坪上回响着这些有节奏的"吱嘎吱嘎"声，就像一场庆典。有一种不大爱露面的蝈蝈，鸣叫声像是有人在摇动沙锤。它从白天就开始演奏，到了夜间，声音显得更加清晰。这种叫声与绿蚱蜢的叫声大相径庭，后者的声音可以传至方圆50米。

体表呈褐色或者灰色的蟋蟀，歌声不会那么嘈杂，但更加尖锐，10米以内可以听见。它停落在杂草丛中或是花园的篱笆上，震动自己硬如背壳的鞘翅，发出这种特别的声音，很像电波声。

只有雄性会在夜里演奏，雌性的翅膀不如雄性完整，像是断了一截。雄性弄出这样的动静，目的是招来雌性与之交配。相比鸟儿婉转的歌声，蟋蟀的叫声似乎有些刺耳。

和蟋蟀科昆虫一样，蝈蝈的身体有一处非常奇特：它们的"耳朵"都位于前足的胫节上。

对了，那个笛子演奏家藏在哪里？答案见第10页。

你知道吗？

小小的蟋蟀很会在草丛中躲藏。如果你想去找它，这个坏家伙会和你玩起躲猫猫游戏。通常它会把自己藏在叶子后面，正好避开你的视线。

为什么**清晨**
会有那么多**蜘蛛网**?

▶ **每天夜里，这只有8只脚的动物都要重新开始它那令人惊叹的织网工作。它把原来的网撕裂，然后重新编织，力求完美。**

蜘蛛编织的网精确严谨，它是一位要求很高的艺术大师。每天夜间，它都要从零开始，重新织造自己的猎网，织好的蜘蛛网像是自行车的车轮。历经白天的风雨侵袭和昆虫摧残，丝网已不如刚刚织完那般美丽。因此，到了黄昏或者凌晨时分，它会把破败的网撕毁并吃掉！网丝如此珍贵，可不能浪费。

经过30分钟的消化，吃下的丝重新变成液态，存储于蜘蛛腹部的器官内，以供再次吐丝。完美地回收再利用！蜘蛛吐出的液体丝一接触空气就会立刻固化。一只蜘蛛一生中吐出的蛛丝长度加起来可达几公里，其坚硬度可比钢丝，但更加柔韧有弹性。

你在酣睡时，我们的织网大师开始工作了。先是编织框架，然后是辐射线和螺旋线，中心部分就这样成形了，接着加固丝网，最后加上专门用于捕捉猎物的丝线，蛛丝上包裹着黏性十足的液体。随着清晨的露珠出现，一张完美的蜘蛛网也露出真容。大师之作，完美却短暂。

你知道吗?

蜘蛛每晚会重新编织自己的网，以确保它有足够的隐形功能。如果不这么做，掉落在上面的灰尘就会勾勒出蛛网的轮廓，就不可能有猎物掉入陷阱了。

谁在阳台的
桌上留下了
一小坨粪便？

▶ **偷偷干这坏事的，可能是一只蝙蝠。**

阳台的桌子上昨晚还是干干净净的，早上却发现有一坨米粒大小的粪便冠冕堂皇地出现在那里。什么动物来过这里吗？

要知道，日落之后，蝙蝠们就会离开它们的洞穴，开始捕食。它们的胃口很大，一个晚上得吃下将近自身体重30%的食物，主要是蚊子或飞虫。

工作繁忙，它们没有时间休息排便，于是就在飞行过程中完成这个任务。家里的阳台还有房子周围都是它们喜爱的捕猎场所，因此粪便掉落在家具上也就不足为奇了。如果我们凑近观察，可以发现粪便中有些昆虫残骸，像发光的灰尘颗粒。

这些小粪便很容易就被完全分解。如果

是老鼠等啮齿类动物留下的粪便，会更加紧实，里面也不会有那些小亮片。

你知道吗？

有人专门统计过，一只喜欢藏身于桥洞下的鼠耳蝠，从5月至10月间，吃下的蚊虫数量不少于60000只。

原来如此！

百叶窗下面、墙上、窗户上还有谷仓的地板上，如果发现大量的蝙蝠粪便，就说明有一只或者数只蝙蝠在这里出没。

夜间出没的 "蝴蝶" 为什么头上 别着两把 梳子?

▶ **这对特殊的工具可不是为了梳头，只用来寻找伴侣。**

夜间出没的"蝴蝶"中，很多其实属于蛾类，头上会有一对梳子形状的触须。尽管它们全身都覆盖着一层绒毛，可以帮助它们抵御夜里的寒意，但它们确实不需要用梳子……

只有雄性蛾类拥有这样的触须，它们刚破茧而出，飞到空中，脑子里就只有一个念头：找到知心爱人。雌性蛾类也是同样的想法，它们会一动不动地躲藏在草木丛中，身体向空气中分泌信息素。这是一种有着诱人芳香的易挥发物质，来源于其腹部尾端的腺体。这种信息素可以在空气中传播数公里之远。

这个时候，我们看到的梳子天线就起作用了。这对梳子其实是蛾的嗅觉器官，跟鼻子一样可以捕捉到雌性蛾类传播的芳香因子。

梳子上密密的分支线，可以让雄性蛾类接收信息素的嗅觉细胞面积更大。仅仅一个梳子，上面就有35000个神经细胞，这对于它们在黑暗中寻找伴侣来说确实很方便。

你知道吗?

这种娇小艳丽的雄性"夜孔雀"，可以接收到3公里之外的雌性的气味。它们之所以如此厉害，正因为有这对梳子状的天线。

谁在台阶上画了这些虚线？

▶ **那是一只养精蓄锐的蜗牛画出来的。**

蜗牛身上的黏液是一种神奇的物质。它像是一层地毯，摊在这个软体动物唯一的脚上，让它可以移动。蜗牛放平身子和拱起身子时，黏液可以从固态胶质转变为液态滑质，这种变化几乎是在瞬间完成的。更神奇的是，这种转变还是可逆的！

这里还是有个小问题。这种黏液98%都是水，因此蜗牛得大量摄入水分。庆幸的是，这种腹足纲动物柔软的身体就像是一块海绵，里面吸足了水，甚至在它的肺里面还有一个小小的蓄水池。

它会在夜间、阴天或者天气潮湿的时候出来活动，暴露在太阳下会让它的水分流失过快。清晨时分，我们有时可以看到路面上或者台阶上有一条黏液画成的虚线。这是蜗牛的生存本能所致，这样可以节约黏液，不至于在干旱地区陷入缺水危机。

为了能够背着身上的房子持续移动，它不会把自己的足部完全摊开在地面。简单来说，它就像在连续小跳……其间它身体的前部和后部轮流着地，因此才会留下这些虚线。

你知道吗？

蜗牛沿途留下的黏液非常之细，只有0.01至0.02毫米。尽管如此，它的效率非常之高，凭此可以跨越任何障碍，即使是锋利的剃须刀刀刃也不在话下。

为什么有句俗话说 "睡得 像只睡鼠"？

▶ **因为睡鼠是睡眠界的冠军，可以一睡就是6至7个月之久。**

每年10月开始，睡鼠，这种胖胖的小型哺乳动物，就会蜷缩在自己的地下洞穴里，把毛茸茸的尾巴当成被子，开始在睡眠中度过接下来的冬天。这一睡就是6至7个月！冬眠之前，它的体重约200克，体内有厚厚的脂肪层。这也不奇怪，要知道整个9月的晚上，它都会出来吃很多高热量食物，例如橡栗、板栗等坚果，还有甜食，每晚都把自己的肚子填得满满的。

小家伙一旦入睡，就会进入深度睡眠，以至于整个冬眠期间都几乎不会醒来。这种放慢生活的生存策略，可以让它整个冬季无须进食。真是令人难以置信。

来年5月重新苏醒之时，它简直瘦成了一根钉子。漫长的冬眠让它丧失了之前体重的一半以上。夜幕降临后，它会小心翼翼地溜出洞穴，到周围的树上活动，啃食树木的嫩芽，再次开始积极地补充能量。睡鼠和松鼠一样，也生活在树上，有一根毛茸茸的尾巴，但它只在夜间出来活动。它的眼睛黝黑明亮，能够很好地适应黑暗的环境。

那么，獾子白天在哪里睡觉呢？答案见第53页。

你知道吗？

睡鼠有和壁虎类似的绝招，可以躲开食肉动物的猎杀。它的尾巴当然无法像壁虎那样断掉，但尾巴上面的皮毛可以与身体脱开，就像我们从脚上脱掉袜子一样。这种花招足以迷惑对手，让自己有时间逃离，但是脱离的皮毛永远不能再长出来了。

什么鸟躲在 苹果树 的凹洞里？

▶ **小鸮，它的身体还不如人的拳头大。这种鸟喜欢栖息在苹果树上。正因为如此，人们甚至叫它苹果树鸮。**

小鸮的眼神看起来很严厉，但这种夜间活动的猛禽，性情算是比较安静。它会在天黑之后的半小时从栖息处飞出来捕猎，一大早喜欢晒太阳打瞌睡。在所有猫头鹰中，小鸮是在白天比较容易看到的鸟类，它的外形也很好辨认：有扁平的脑袋、迷彩色的羽毛，身体像个球，喜欢栖息在苹果树上，也会待在农庄的屋顶。如果你看到符合这些特征的猫头鹰，那肯定就是小鸮了。

小鸮的眼睛呈金色，每年会在洞穴内产下三四颗白色的卵。如果找不到合适的苹果树或是光秃秃的柳树，它也会毫不犹豫地在屋子里或者破旧的墙上产卵。一般情况下，它会选择一些老苹果树的洞穴安家。这种鸟儿体形虽小，却很勇敢，会对许多猎物发起攻击，包括和它体形相差无几的猎物！在欧洲，小鸮捕食的猎物种类超过300种。这样丰富健康的食谱，可以说是难出其右了，但它从来不吃苹果……

你知道吗？

小鸮的幼鸟有时会从苹果树上掉下来。如果看到，千万不要去捡，因为它的父母会继续给它喂食。最好的做法，是把它放回树枝上。

原来如此！

小鸮每晚只需摄入45克食物。有时它会贴着草地疾飞，捕食金龟子或者蝼蛄之类的昆虫。

什么鼠
看起来像 盗贼 ？

▶ **脸上像戴着一副盗贼面具，总爱在晚上闹出些动静，鬼鬼祟祟……毫无疑问，这肯定就是欧洲山鼠了。**

欧洲山鼠眼睛周围的斑点让它像戴着一副太阳眼镜，但这没什么用，它从我们身边溜过时，还是不难认出来的。欧洲山鼠属于睡鼠的一种，体形小巧可爱，是一名攀爬高手，能做出一些高难度动作。它有一条长长的尾巴，尾部蓬松的毛呈黑白两色。

小家伙不仅外表像歹徒，胆子也贼大。它会不假思索就窜入花园的窝棚处，还会溜进农舍，频频光顾谷仓。它也很喜欢把窝做在屋顶填满隔热玻璃棉的地方。

由于它晚上出来活动，而且异常顽皮，闹出动静，有时会把沉睡中的人们吵醒。它主要以嫩树芽、昆虫、蜗牛、鸡蛋、雏鸟、

水果、坚果为食，虽然好吃这些，但不是特别挑食。溜进山雀或者燕子窝里打劫，这样的事也不是没有。

它还会光顾我们的食品柜，偷吃一些坚果、苹果，甚至香肠和腊肉。

你知道吗？

与其他睡鼠和旱獭一样，欧洲山鼠也要冬眠。它有时会从我们家里偷一些房子的隔热材料，打造自己的巢穴，然后蜷成一个球，在里面睡上数月之久。

原来如此！

欧洲山鼠是群居动物，鼠群的数量不大。冬末，饥饿之下，它们会把尚处于冬眠状态的同伴吃掉，"咕噜"一口……

有会 飞 的 兔子吗?

▶ **那不是野兔，也不是长了翅膀的小兔子，而是一种小蝙蝠，但它有一双大大的耳朵。**

大耳蝠，它的名字就很说明问题了。这是一种长相奇特的翼手动物。有时家猫夜出折返时，嘴里就会叼着一只。大耳蝠常贴着草坪的小雏菊慢速飞行，对于身手敏捷的猫科动物而言，在家门口附近抓住它实属易事。

它两只耳朵大大的，几乎与身体一般大小，是蝙蝠家族中的增强雷达，它因此可以捕捉到极其轻微的超声波。有了这样优良的装备，即使在完全昏暗的环境中，它也能发现自己喜欢的猎物，主要是夜间出没的蝴蝶，而且可以察觉到周围极小的动静。

大耳蝠在飞行中会竖起自己的耳朵，尽管它的耳朵尺寸超大，也非流线造型，

它依然可以每小时25公里的速度飞行。休息时，它的听觉器官就会摊在背上，像是一件披风。

大耳蝠捕到一些大型昆虫时，会找一个舒服的栖息之处，把猎物去壳后吃掉。不一会儿，那里就只剩下一堆它不吃的东西：背壳、翅膀、肢体和其余残骸。见到这些，就证明它曾经在此出现。

那么，为什么蝙蝠都倒挂着睡觉呢？答案见第92页。

你知道吗?

大耳蝠的生物钟精准度堪比瑞士钟表，它会在太阳落山之后25分钟出动，然后整个夜里忙着捕捉昆虫，最后在太阳升起前的一刻钟返回巢穴。

为什么有的水龟子会停落在**汽车**的引擎盖上呢?

▶ **月光下，汽车的金属油漆看起来如水一般平滑，龙虱（水龟子）被骗了，所以……**

许多水生昆虫，成年后都会飞行，水栖鞘翅目昆虫就是这样。当水塘环境不再适宜生存，或者那里的猎物变少时，龙虱就会在夜间离开。它先是振动自己身上的肌肉，像是进行热身，然后张开背壳，展开翅膀，飞往另一处水域。

尽管起飞前它的身子湿漉漉的，但这并不影响其飞行，因为它的膜翅具有疏水性，依然可以保持极其干燥的状态。龙虱不仅会游泳、飞行，潜水也同样擅长。

我们都知道，在星光下很多东西看起来会与实物不一样。另外，在阳光照射下，停车场的碎石路面会闪闪发光，黑色的篷布会反光，汽车引擎盖更是光亮一片，龙虱很容易把这些地方误认为水塘。一旦认为前方有水，它就会一头扎下，接踵而来的就是一场事故了。有些倒霉的家伙经此之后，很难再次起飞，这也是为什么第二天早上，我们会看到引擎盖上有些姿态怪异的小家伙了。

你知道吗？

大型龙虱体长达3.5厘米，是欧洲体形最大的水栖鞘翅目昆虫之一。冠军当属大型水龟虫，它的体长可达5厘米。

原来如此！

夜晚来临的前几个小时里，龙虱和其他水栖昆虫最为活跃。只要有一支手电筒，就可以轻易地观察在水塘里的它们。

什么鸟儿夜里飞行时搞出那么大动静？

▶ **每年秋季，候鸟迁徙过程中，会一直高声鸣叫以保持联系。**

孩子们刚刚躺下，就听到一阵阵奇怪的声音划破了宁静的夜空。每年10至11月，成千上万只候鸟在迁徙途中从欧洲上空飞过，要去南部度过即将到来的冬季。那里更加温暖，也更容易找到食物。有些鸟儿，例如红翼鸫，会在夜里飞行，通过星星来定位。候鸟群的数量从十几只到几百只不等，陆续从我们的城市上空飞过。

夜间，只需竖起耳朵仔细聆听，就会听到它们的尖利呼叫声，声音拉得很长，它们借此互相联系并保持队形。

鹤群经过时，声音会更加吵闹。它们会在白天和傍晚飞行，其间不停地发出响亮的叫声，可以说毫不低调。其实，它们的名字正来源于这啼叫声，发音上非常接近。另外，大雁也会在夜幕中飞过我们上空，"嘎嘎"地叫得声嘶力竭，像在敲击铁锅。这样可以确保鸟群沟通顺畅，但肯定会让你的耳朵备受折磨。

你知道吗？

许多燕雀通常在白天活动和捕食，在夜间迁徙。它们怎么能保持不睡呢？科学家们普遍认为，它们夜间飞行时，会在瞌睡和苏醒的状态间不停切换，过程非常短暂，而且，它们可以保持只有部分大脑处于睡眠状态。

蝙蝠怎么能在黑暗中**看**清东西？

▶ **在完全黑暗的环境中，蝙蝠的眼睛其实什么都看不见，它是通过耳朵来"看"。**

你知道声呐吗？这是一种航海用的仪器，通过向水里发射声波来探测和定位各种物体，例如船只、潜艇、鱼群、暗礁等。抹香鲸和海豚都有这样的本领，蝙蝠也一样拥有这一尖端技术，可以在黑暗中"看"得清清楚楚。

它会向空中发出一些我们听不见的超声波，这些超声波碰到障碍物时，会像击向墙面的壁球一样，在物体上连续弹跳后返回至发射者。蝙蝠的耳朵构造奇特，可以捕捉到这些回波。周围的信息就这样迅速地传输到它的脑中，让它可以构建出周围的情况，精确度令人咋舌。

夜间飞过的一只蝴蝶，它每次轻微的翅膀振动，飞行速度、方向，身体多长、多大，在哪些枝条间穿梭……所有这些细节，就如同三维立体画面一样呈现在蝙蝠的脑海中，一清二楚。这种令人惊叹的技能，就是声波定位。因此，这种小型哺乳动物可以在完全黑暗的环境中畅行无阻，捕捉猎物。而且，当它接近猎物时，会进一步提高超声波的发射频率，以精准定位。

你知道吗？

有些蝴蝶也可以捕捉到蝙蝠发出的超声波。它们当然知道，捕捉到这样的超声波，就意味着死神逼近。为了摆脱被猎食的命运，这些狡猾的小家伙会立即停止振动翅膀，让自己如同一片枯叶坠落，从而干扰对方接收到的信号。有的蝴蝶则会表演令人瞠目的漂移，在最后一刻躲开蝙蝠的猎杀。

猫头鹰会**扭伤**自己的**脖子**？

▶ **绝对不会。尽管它的脑袋可以转动270度，但它从来不会因此伤到脖子。**

与很多鸟儿不同，猫头鹰的眼睛位于头的两侧。因此，它只能向前看，视野只有160度。对于飞禽而言，这确实有些窄。

我们可以找另一种夜间鸟类做个对比。山鹬位于脑袋两侧的眼睛，可以让它的每只眼睛都获得360度的视野，令人难以置信吧？凭此特长，它可以同时观察身前和身后的情况。

为了弥补视野的不足，猫头鹰只能依靠自己异常灵活的脖子。在不移动身体其余部分的情况下，它的脑袋就可以转动270度。秘诀在哪里？因为它颈椎的数量是人颈椎的3倍。

人的脑袋上下转动幅度只有90度，而猫头鹰这种夜间猛禽可以从上到下180度转动自己的脸部，而且在需要看清楚目标时，它的颈椎还可以脱臼，让脸部倒向两侧。

那么，"白夫人"是鬼魂吗？答案见第19页。

你知道吗？

与人类不同，猫头鹰的眼睛不能在眼眶内转动，它的视线是极其固定的，其眼球的形状其实像一个宽底玻璃瓶，因此丝毫无法移动。但是这种特殊的眼球构造却让它可以在夜间拥有极好的视力。

为什么雄鹿会在秋夜里大声嚷嚷？

▶ **它的叫声越是雄壮，就越有可能俘虏异性。**

你可以在脑子里面想象一下驴的叫声、狮子的吼声，还有母牛的嚎叫。三种叫声混合在一起，那就是一只公鹿发出的叫声了，可谓过"耳"难忘。当这样的叫声响彻黑暗的森林时，方圆1公里内的人听到都会立马愣住。

每年的9月中旬至10月中旬，雄鹿进入发情期。它会极力捍卫自己的领地，同时召唤希望交配的雌鹿。它叫得声嘶力竭，声音越是雄伟响亮，就越有可能吸引异性来访。一只雄鹿通常可以招来5至15只雌鹿，有时前来的雌鹿甚至可达100只之多。

在这三四个星期的时间里，雄鹿会一直驱赶入侵者和其他竞争对手，一直打架，然后交配。一个月的发情期之后，原本高大雄壮的雄鹿会变得精疲力尽，异常消瘦。

雄鹿和雌鹿就此分开，各自生活。230天之后，到了来年5月或者6月，母鹿会产下它们的宝宝。

对啦，夜莺为什么会在夜里开演唱会呢？答案见第51页。

你知道吗？

只有雄鹿有鹿角，雌鹿没有。与其他动物的角不同，鹿角就像叶子，因为它会在每年的2月掉落，然后重新生长。一开始上面覆盖着一些绒毛，里面富含毛细血管。之后的130天里，鹿角会一直生长，雄鹿最后会运用这一武器来攻击竞争对手。

为什么有些动物的眼睛在被汽车大灯照射时会发光?

▶ 有些动物的眼睛底部覆盖着一层反光膜,能帮助它们在黑暗中更好地捕捉光线。

狗、猫、狍子和一些小型食肉动物,当它们被汽车大灯或者手电筒照到时,眼睛都会发光。鹿的眼睛会发出一种偏白色的光,狐狸和猫则会发出偏绿色的光。

只有眼睛适合夜间出行的动物会有这种现象。为了能利用周围的光线,不管亮度多么微弱,它们的眼睛内部覆盖了一层特殊的膜,被称为脉络膜层,就是这层膜能反射光线。

对于不具备脉络膜层的动物而言,光线只能一次性穿过视网膜上的光感细胞。而对于具备脉络膜层的动物而言,光线第一次穿过它们带有光感细胞的视网膜之后,经过反射,会再次穿过,从而增强眼睛利用微弱月光和星光的能力。但是这种光线的放大能力,在完全无光的环境中,例如地窖里,是不起作用的。必须得有光源才行,即使亮度非常微弱。

对啦,猫头鹰怎么能在黑暗中捕猎呢?答案见第98页。

你知道吗?

瞳孔在暗处会放大,以便更多的光线进入。瞳孔内有很多毛细血管,当它们突然被照相机闪光灯照亮时,由于来不及收缩以避免眼球纳入过多的光线,有时便会看到眼睛反射出红光。

耳鸮①是猫头鹰的丈夫吗?

▶ **这是两种不同的鸟,不会在一起生活,不会通婚,也不会同居……**

耳鸮本身就有雌雄之分,猫头鹰当然也是如此。虽然都在夜间出来捕猎,但它们是两种不同的鸟儿。通过耳羽,也就是我们通常误认为是耳朵的部分,可以很容易地分辨它们,因为只有耳鸮的头顶上长有耳羽。

耳羽形似耳朵,其实并不是。鸟类的听觉器官基本退化成一个小耳洞了。耳羽对于耳鸮就是个装饰,似乎只起到伪装的作用。这种鸟儿白天常常紧贴在树干上,耳羽让它圆圆的脑袋变得不规则了一些,但猫头鹰并没有耳羽。

不过,娇小但羽毛华丽的耳鸮并不常常能看到,它们飞行时就更难发现了。除了法语,其他国家的语言一般不区分猫头鹰和鸮,都用同一个词表述:英语是owl,西班牙语是buhos,德语是Eulen。在中文里,鸮是古代对各种猫头鹰的统称。

对啦,猫头鹰为什么会"呜呜"地叫呢?答案见第9页。

> **你知道吗?**
>
> 夜间猛禽通常都是雌雄共同生活,猫头鹰和仓鸮也是如此。但如果夫妻双方有一个不见了,剩下的那只会去寻找新的伴侣。

①法语中鸮(hibou)是阳性名词,而猫头鹰(chouette)是阴性名词,所以有此疑问。——译注

我睡觉时什么**虫子**会**咬**我?

▶ **给你个提示,咬你最多的虫子会嗡嗡叫。对啦,就是蚊子,但还有其他虫子。**

当一只蚊子"嗡嗡"地从你耳边几厘米处飞过时,你很难保持平静。警报就此拉响,瞌睡虫也只能遁形。

所有虫子中,就数蚊子最想在你睡觉时咬你。它们需要从人体内吸取几滴血,帮助产卵。其他会扎你的虫子,例如跳蚤、虱子、螨虫等,主要是为了吸食血液里的血红蛋白。它们无论昼夜都可能会咬你,其中最恐怖的是床虱,人被它咬了之后会痒得异常难受。20世纪的时候,它是集体宿舍里的常客,因为那里的卫生条件较差。后来床虱几乎绝迹了,但随着全球化的到来,它又开始侵入我们的床单。

其他一些虫子也会咬人,但一般很少,

大多是偶然事件。它们咬你只是因为感到了危险。胡蜂、猎蝽、蜜蜂、蜘蛛、蝎子、蜈蚣等虫子偶然进入屋子中,把你吵醒了,受到惊吓时会采取正当防卫。

你知道吗?

一些双翅目昆虫也会令人感觉不适,例如苍蝇,它会把胃里的酸性物质排在你的皮肤上,然后就着人体汗液的矿物盐喝下去,这期间你会感觉皮肤微微发痒。

狼只会在月圆之夜嚎叫吗?

▶ **狼嚎异常奇特,昼夜都可以听到,与月亮无关。**

关于狼,有很多迷幻惊恐的故事,其实它是一种胆子很小的动物,总是小心翼翼,很少有人真的在野外见到过它的身影。但与狼有关的故事经常离奇古怪,使人对它的印象并不准确。狼是狗的祖先,群居的数量通常为5至12只,由一对头狼带领。狼群里只有母头狼才可以产下幼崽。

狼群中的每只狼都会单独或者集体嚎叫,无论年龄、季节和时辰。当然,深夜的狼嚎最让人毛骨悚然!但这与月亮毫无联系。

当狼群一起嚎叫时,那种气势更是吓人。它们通过叫声来加强成员之间的联系,缓解紧张情绪,召唤成员集合,向其他狼群宣布自己的领地。

狼的嚎叫声悠长而抑扬变化,当两只以上的狼一起叫时,就很难分辨出实际有多少只狼。这样的叫声一般只会持续几分钟时间,也并不常见。长久以来,它们一直被猎杀,因此更希望保持谨慎低调。

你知道吗?

狼的嚎叫声可以传至10公里之远。但是除了嚎,狼的叫声其实还有很多种,可谓丰富多变。玩闹时会尖叫,威胁时发出低吼,咆哮以发出警报,焦虑时哼哼唧唧……它们以不同的叫声来进行沟通。除此之外,它们还会在不同情形下做出不同的姿态。

晚上撞见
野猪该怎么办？

▶ 冷静！慢慢后退，躲起来。

千万不要转身就跑！在抵抗大型食肉动物的猎杀方面，野猪可谓威名赫赫。面对危险时，受伤或者陷入困境的野猪会奋勇向前。这也正常，对吧？要知道成年野猪体重超过100公斤，还有数颗尖锐的獠牙，一旦它准备捍卫自己的生命，你还是躲开为妙。

在野外与野猪不期而遇是非常危险的！如果你遇到一头母猪带着一岁以下的幼崽，要当心它的护崽本能。如果母猪认为小猪有危险，它可能会变得非常暴躁。保持平静，不要试图接近幼崽，也不要站在幼崽和母猪的中间。

遇到野猪或其他动物朝你靠近时，如果你感到害怕，可以试着弄出点声音，它就会立马快速逃离。这种做法对于法国山区的动物是可行的。在中国，碰到野猪时即便感到害怕也要努力保持冷静。身体直立，缓慢地向后退，目光不要离开野猪，边退边寻找可以躲藏的地形或遮挡物。如果野猪发起攻击，要向左右两边躲闪，避开冲撞。如果已经陷入僵局，要寻找周围较高且好攀爬的树木，尽量爬上两三米高，野猪不会上树。待在树上是比较安全的，同时尽快拨打报警或求救电话。

你知道吗？

与狍子和狐狸不同，夜里被强光照到时，野猪的眼睛不会反射光线。和人类一样，它的眼球底部也是暗色的。因此，汽车经过野外时，如果四周昏暗，司机可能很难发现路上有野猪，从而酿成悲剧。

蝙蝠为什么
倒挂着睡觉？

▶ **这种姿势可以让它在一些天敌无法够到的地方休息，也更容易起飞。**

蝙蝠没法像鸟那样栖息，它休息时会挂在房屋的天花板上或是岩洞的石壁上。进化过程中，它的身体发生了一些有利的变化，可以让自己头朝下挂着睡觉。首先，与人类不同，蝙蝠的爪子是反向的，脚趾长在脚的后面。这样的身体构造，可以让它挂在屋顶或其他角落，这些地方很少有食肉动物能够进入。倒挂时，蝙蝠不需要花费力气就可以轻轻松松保持这种姿态数小时之久，保证睡眠甚至冬眠质量。

实际上，处于倒挂姿态的蝙蝠是在休息，这种姿态缘于它巧妙的身体结构。

它的爪子与脚筋相连，倒挂时会在身体自重下自然弯曲。而且，挂在天花板上休息完之后，头朝下的姿态确实也更容易起飞，因为一开始总是要朝下飞，它只需要让身体自然坠落就好了。

对啦，蝙蝠为什么会躲在百叶窗后面呢？答案见第33页。

你知道吗？

蝙蝠昼伏夜出，这样的习性不仅让它可以避开白天数量众多的猎食动物，也可以避免与其他动物争夺食物。它最喜欢以昆虫为食，这样就不会与大多数鸟类形成竞争。

今晚有**动物**光顾过家里的**花园**吗？

▶ **睁大眼睛，搜寻它留下的痕迹，随后开始调查。**

大部分动物的活动轨迹都是固定的，钻出地面、干活、睡觉……来来往往总会留下活动轨迹，例如被压实的泥土、被踩踏的草地，这些都是它们曾出没的迹象。只要注意观察，还是能很快发现这些不是特别明显的痕迹。而且，你可能还有机会在泥地或者雪地上看到它们的足迹。你也可以动动手，主动收集动物的足迹。比如在它们经常往返的路线中间放一堆沙或一些黏土，然后只需要找一本参考书，对照并辨认这些足迹。

其他迹象也可以显示是否有动物光顾，如食物残渣、排泄物、巢穴、领地标记等。比如，狐狸会频繁在树底下或土丘上排尿或者排便，以此宣告自己的领地。它的排泄物有股麝香味，异常难闻且持续时间很久，很容易辨认。

野兔经常集体在一个地方排泄，那里就是公共厕所，上面散落着数百颗圆圆的干燥粪便。狍子则会任意啃咬树莓、覆盆子、常春藤等植物，所经之处，留下一些残花碎叶。

你知道吗？

你也可以放置一个红外线摄像头来捕捉动物的踪迹，当它们从摄像头前经过时，摄像头就会自动拍照，之后就可以知道花园里来过哪些神秘访客了。

为什么**老鼠**在我们**睡觉**的时候出来？

▶ **这种啮齿类动物有很多天敌，可谓危机四伏！还是晚上偷偷出来好点儿。**

对于老鼠这种体重十几克、体长几厘米的猎物，所有肉食性动物都不会轻易放过。因此，老鼠的敌人可不少，包括黄鼠狼、狐狸、猫、狗、貂、蛇、鹰、隼、猫头鹰等等。所有猎食者都会把它当作点心，人类也一直要把它从家里赶出去，尽管它的小脸看起来人畜无害。

不得不说，这个小家伙确实很会捣乱，到处搞破坏。它会偷吃我们的食物，光顾我们的粮仓，带来细菌，啃咬家里的木板、石膏板、墙体、塑料制品，在菜市场屋顶上乱窜，所经之处会留下一股很难闻的气味。

为了躲避天敌，老鼠主要在夜间出来，而且不会离巢穴太远。它通常会把窝做在顶棚和楼板之间的角落。有时候，它甚至会在房间墙壁的隔热层里挖出一个窝，那我们睡觉时真是不得安宁了。

你知道吗？

人类的家，可以说是老鼠的天堂。温度介于15℃和25℃之间，有狭小隐蔽的角落，湿度大于60%，食物种类丰富，可任意糟蹋。上哪里去找更好的地方呢？因此，它学会了侵入人类的房子，至今依然如此，虽然现代化建筑已经不如以前那般容易入侵了。

猫头鹰为什么能在黑暗中捕猎？

▷ 嘘！别出声。它是靠耳朵来发现猎物的。

黑暗中，这种夜间猛禽也可以准确定位二十几米外老鼠的位置。它夜间捕猎的装备优良：钩形的嘴巴，强有力的爪子，飞动时悄无声息的翅膀，低光照度下依然卓越的视力，还有超乎寻常的听力。

从外表看来，它的耳朵只是脑袋两边的小孔而已，隐藏于羽毛下面或者皮肤褶皱之间，但它的听力要比人类敏锐20倍都不止。而且它的一只耳朵比另一只略高，这样可以在捕捉声波时产生细微的差异，从而帮助猫头鹰更加准确地定位声音的来源。

猫头鹰还有一项重要的天赋。不同种类的猫头鹰好像都戴着一个面罩，"白夫人"的面罩呈心形，中型猫头鹰的呈圆形，鸮的呈扁桃形……其实，这个面罩可以帮助它们捕捉并放大声波信号。

面罩两边的小羽毛会接收一切微弱的声音，并将其传播至猫头鹰的耳道。行动之中的老鼠总会闹出点儿声响，比如草被拨动、石子的细微滚动，虽然几乎轻不可闻，但对于静静守候的猫头鹰而言，就足以定位猎物的准确位置了。

你知道吗？

猫头鹰和耳鸮的脑袋中负责听力的神经细胞比其他鸟类要多很多，例如仓鸮有9万个，而乌鸦只有2.7万个。

狼是**坏蛋**吗?

▶ 狼不坏,也不善良,但在童话故事里就另说了。

狼这种野生食肉动物很低调,喜欢夜间出来猎食,嚎叫声特别。它几乎完美诠释了人类对大自然的恐惧,是我们内心深处焦虑和怨恨的具体表现。历经数百年的猎狼行动和虚假宣传之后,人们下意识就接受了这个信息——要当心狼,而没再做更多的思考。

狼因此被认为经常作恶,是"坏蛋"的代名词,我们常常错误地把所有的罪过都归于它。养殖户出现了经济问题?是因为狼来了,吃掉了家畜。多好的替罪羊!公共安全面临危险?是因为担心狼带来狂犬病。虽然欧洲在30年前就已经消灭了这种疾病,也知道应该如何应对。这吃人的野兽攻击人类?狼是大型食肉动物,一个个獠牙毕露,吃人肉,想想都害怕。

狼也是恐怖的代名词,人们都诅咒它,以驱赶祖先遗传下来的恐惧情绪,说起它就毛骨悚然,感觉很刺激。其实狼是胆小的动物,甚至害怕人类,看到人会立马逃跑。现在,我们对这种很有故事的动物了解更多了,知道了要和它共处。它不好也不坏,只是想在这个世界生存。

你知道吗?

狼攻击人的事件极其罕见。最近50年间,北半球只统计到17次狼攻击人致死的情况,其中一半都死于狂犬病,而北半球总计有12万只狼。做个比较:每年被蛇咬死的人就有4万个。

作者简介

大卫·梅尔贝克（David Melbeck）：法国自然学家，撰写过许多针对青少年的科普读物。自然杂志《蝾螈》的编辑和活动策划人。

玛丽安·莫里·考夫曼（Marianne Maury Kaufmann）：插画师，曾出版《不同状态下的房子》《男孩女孩：很不同，很平等》等绘本。

译者简介

王小水：毕业于南京大学法国语言文学专业，译有《楚辞》《庄子》《本草纲目》《冬天的卡西诺》等。